Impressum:

Copyright © 2014 GRIN Verlag, Open Publishing GmbH
Druck und Bindung: Books on Demand GmbH, Norderstedt Germany
ISBN: 978-3-668-16035-4

Fabian Druschke

Strahlenschutz durch Teilchen-Ablenkung? Experimentelle Untersuchung der Wirkung von homogenen Magnetfeldern auf Beta-Strahlung

GRIN Verlag

Einleitung

In dieser wissenschaftlichen Ausarbeitung mit dem Thema: " Wirkung von Beta-Strahlung auf homogene Magnetfelder", möchte ich mich mit speziell mit der Wirkung von radioaktiver Strahlung auf Magnetfelder befassen.

Weitere Fragen wie z.b. Warum ist konventioneller Strahlenschutz problematisch ? Oder: Wie kann man Teilchenstrahlung effizienter abschirmen? Werde ich mithilfe eines Versuches und die Auswertung der Ergebnisse beantworten.
Gegen Ende der Ausarbeitung werde ich betrachten inwiefern die ausgearbeiteten Ergebnisse eine Lösung für das Problem darstellen

Das Thema "Radioaktivität" ist immer aktuell, und interessiert mich persönlich auch sehr

In dieser Ausarbeitung möchte ich auf die Eigenschaften von ionisierender Strahlung eingehen, wie sie sich verhält, und wie man sich eventuell besser und effektiver davor schützen kann.

Zum Strahlenschutz, werde ich noch eine mögliche Alternative aufzeigen, zu anderen bereits bewährten Strahlenschutzmethoden.

Inhaltsverzeichnis   Seite

Kapitel I.
Entstehung radioaktiver Strahlung und das Problem der Abschirmung

1.1 Entstehung radioaktiver Strahlung

Radioaktive, oder besser gesagt ionisierende Strahlung, entsteht beim Zerfall instabiler Atomkerne. Sie versuchen einen energetisch günstigen Zustand zu erreichen durch die Aussendung von Teilchen (α- und β-Strahlung) und wechseln dabei von einem angeregten Zustand in einen normalen Zustand, wobei die überschüssige Energie in Form von γ-Strahlung frei wird.

Bei der α-Strahlung handelt es sich um zweifach positiv geladene Heliumkerne, wohingegen die β-Strahlung aus negativ geladenen Elektronen und in Einzelfällen auch aus Protonen bestehen kann.

Die γ-Strahlung lässt sich als Quanten beschreiben.

Zwischen Nukleonen in einem Atomkern (Protonen, Neutronen) wirken sogenannte Kernkräfte, welche dafür sorgen, dass ein Atom zusammenhält, und die Nukleonen stets im Atomkern bleiben.

Bei **schwereren Elementen**, wie z.B. Thorium, ist die Anzahl der *Nukleonen* so groß, so dass der Betrag an abstoßenden Kräften überwiegt, und dadurch die Atomkerne zerfallen, da diese die benachbarten Nukleonen nicht mehr anziehen können, weshalb sich dann eine Kernumwandlung ereignet, bei welcher die überschüssigen Nukleonen in Form von Teilchenstrahlung abgegeben werden.

1.2 Möglichkeiten der Abschirmung

Mit der **Abschirmung** möchte man die Strahlungsdosis für die Umgebung, oder von Personen in der Umgebung reduzieren, wobei man ein beliebiges Material zwischen der Strahlenquelle und dem Objekt platziert.

Die α-Strahlung der meisten Nuklide hat eine geringe Reichweite von etwa 1-4cm
β-Strahlung erreicht hingegen eine Reichweite von mehreren Zentimetern bis zu ca. 20cm.
Die γ-Strahlung hat eine theoretisch unbegrenzte Reichweite, da es sich dabei um elektromagnetische Wellen in Form von Quanten handelt.

Verwendete Quellen für diese Seite [1][2]

Zur Abschirmung von α-Strahlung reicht bereits ein einfaches Blatt Papier aus, wohingegen man bei β-Strahlung im Bereich von einigen MeV (Megaelektronenvolt) bereits dickere Aluminiumplatten benötigt.

Bei der γ-Strahlung lässt sich nur eine Schwächung der Strahlung erzielen, da diese nicht vollständig gestoppt werden kann.

Die Reichweite der jeweiligen Strahlungsarten ist dabei abhängig von der Energie der Teilchen, bzw. Quanten, und von der Halbwertsdicke[2*] des jeweiligen Materials.

α-Strahlung hat eine im Vergleich zu β-Strahlung und γ-Strahlung eine hohe Masse, hohe Wechselwirkung mit Materie, und dementsprechend eine geringe Reichweite

Ein α-Teilchen (Heliumkern) hat eine hohe Masse, wohingegen β-Strahlung (Elektron) wenig Masse, und γ-Strahlung (Quant) so gut wie keine Masse besitzen, nach der Formel:

$$E = mc^2$$

(Siehe relativistischer Ansatz Abb. Unten, Sowie Anhang: *Berechnungen zu der Hypothese*)

$$m_0 = \frac{m}{\sqrt{1 - \dfrac{v^2}{c^2}}}$$

γ-Strahlung besitzt, im Gegensatz zu β und α-Strahlung, keine Ruhemasse m.

Besonderheiten der γ-Strahlung bei der Abschirmung

Die Halbwertsdicke zur Bremsung der γ-Strahlung wird wie folgt bestimmt:

Das Verhältnis aus der Dosisleistung H, die ohne Abschirmung ermittelt wird, und der Dosisleistung H_{Dosis} der Strahlung am gleichen Ort mit Abschirmung der Dicke $d_{Abschirmung}$ wird als Schwächungsfaktor S_u der Strahlung bezeichnet:

$$S_u = \frac{\dot{H}_0}{\dot{H}_u}$$

Für den Kehrwert des Schwächungsfaktors ergibt sich die Formel:

$$\frac{1}{S_u} = \frac{\dot{H}_u}{\dot{H}_0} = e^{-\mu \cdot d}$$

Hierbei bezeichnet μ den Schwächungskoeffizienten. Für die Halbwertsdicke d1/2 gilt also:

Verwendete Quellen für diese Seite [5]

$$\frac{1}{S_\mathrm{u}} = \frac{\dot{H}_\mathrm{u}}{\dot{H}_0} = \mathrm{e}^{-\mu \cdot d_{1/2}} = \frac{1}{2}$$

Somit ergibt sich die Halbwertsdicke d1/2 aus dem Schwächungskoeffizienten μ nach:

$$d_{1/2} = \frac{\ln 2}{\mu} \approx \frac{0.6931}{\mu}$$

Dadurch lässt sich dann die Halbwertsdicke, zur Bremsung der γ-Strahlung, für bestimmte Materialien berechnen.

1.3 Problematik

Durch die Abschirmung von radioaktiver Teilchenstrahlung entsteht ein Problem, und damit auch das **Kernproblem**.

Bei der Abschirmung von Teilchenstrahlung, und der damit verbundenen Wechselwirkung der Strahlung mit dem Absorbermaterial, wird bei der Verlangsamung der α- bzw. β-Strahlung die überschüssige Energie durch die Geschwindigkeitsänderung der Teilchen in Form von hochenergetischer *Röntgenstrahlung* frei.

Dieser Effekt tritt vor allem bei schweren Elementen mit einer großen Anzahl an Nukleonen auf.

Diese Röntgenstrahlung* ist auf dem elektromagnetischen Spektrum neben der γ-Strahlung anzusiedeln, und gleicht dieser in einigen Punkten.
Die dadurch entstehende Röntgenstrahlung lässt sich wiederum nur schwer abschirmen.

Die Bremsstrahlung entsteht meist vorzugsweise bei schweren Elementen, da schwere Elemente stärker absorbieren als leichte, und deshalb die Bildung von Bremsstrahlung begünstigt wird.
Der Tunneleffekt spielt bei der Abschirmung eine wichtige Rolle.
Photonen, oder γ-Strahlung, die als Photon vorliegt ist in der Lage Materie zu durchdringen, wobei ausreichend Energie vonnöten ist.

Eine Betrachtungsweise dieses Effekts geht von der Schrödingergleichung aus, einer Gleichung die angibt wo sich ein Photon aufhalten kann.
Der Tunneleffekt lässt sich wie folgt erklären:
Dieses Photon dringt in die Materie ein und klingt exponentiell ab. Durch den exponentiellen Abfall der Energie des Photons in der Materie bleibt am Ende des Bereiches noch ein Rest der ursprünglichen Energie übrig. Da nach den Regeln der Quantenmechanik der Betrag der Wellenfunktion eine Wahrscheinlichkeit darstellt, gibt es eine kleine Wahrscheinlichkeit dass das Teilchen am anderen Ende der Barriere auftaucht.

Verwendete Quellen für diese Seite [5][12]

2*
Als Halbwertsschicht oder Halbwertsdicke bezeichnet man diejenige Dicke eines durchstrahlten Materials, die bei elektromagnetischer Strahlung, wie etwa γ-oder Röntgenstrahlung, die Strahlungsintensität und damit die Dosisleistung um die Hälfte reduziert .

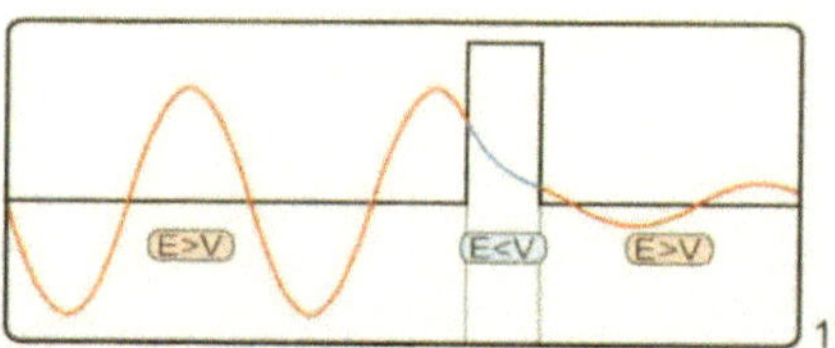

Zitat aus 1) "Schematische Darstellung des Tunneleffekts.
Ein Teilchen trifft von links kommend auf eine Potentialbarriere. Die Energie des getunnelten Teilchens bleibt gleich, nur die Amplitude der Wellenfunktion wird kleiner und somit die Wahrscheinlichkeit, das Teilchen aufzufinden. „

(Siehe u.a.1.2, Halbwertsdicke; Abschnitt **Besonderheiten der γ-Strahlung bei der Abschirmung**)

2)

An diesem Beispiel wird ersichtlich wie ein Elektron in der nähe eines Atomkerns abgebremst wird, und die überschüssige Energie in Form eines Quants frei wird.
Die Energie des Photons entspricht dabei der E_1 mal E_2 des gebremsten Elektrons, oder h mal f.

1.4 Alternativen

Als Alternative zu konventionellen Strahlenschutzmaßnahmen, wie z.B. Bleiabschirmungen, oder PVC, könnte man beispielsweise Elemente mit geringer Anzahl an Nukleonen nutzen (Niedrigere Ordnungszahl), und dafür in Verbindungen mit hoher Dichte um die Strahlung abzuschirmen wodurch auch das auftreten von Bremsstrahlung minimiert wird.

Weiterhin könnte man die Nutzung von nicht-materiellen Strahlenschutzmaßnahmen in Erwägung ziehen, wie zum Beispiel Magnetfelder oder andere geladene Teilchen welche keine *ionisierende* Wirkung haben.

Verwendete Quellen für diese Seite [11][12][19][1][2]

*auch Bremsstrahlung genannt

Kapitel II.
Experiment / Nachprüfung

2.1 Fragestellung

Ziel des Versuchs ist es, eine mögliche Alternative zu den aktuell verwendeten konventionellen Strahlenschutzmaßnahmen (Siehe u.a.1.2, **Möglichkeiten der Abschirmung** ;Halbwertsdicke; Abschnitt **Besonderheiten der γ-Strahlung bei der Abschirmung**) aufzuzeigen, mit welcher große Materialkosten entfallen müssten.

Das **Kernproblem** ist die mit der Entstehung von Bremsstrahlung, beziehungsweise Sekundärstrahlung einhergehende Abschirmungsschwierigkeit, welche zum Beispiel mithilfe eines Magnetfeldes ausbleiben sollte.

In diesem Versuch werde ich untersuchen ob, sich die für menschliches Gewebe äußert schädliche und direkt ionisierende β-Strahlung, durch ein Magnetfeld ohne Bildung von Sekundärstrahlung, und Röntgenstrahlung durch ein homogenes Magnetfeld abschirmen oder ablenken lässt.

2.2 Hypothese:

Hinweis: Da in der Atomphysik in der Regel die eingesetzten Energiewerte so niedrig sind um sie vernünftig in Joule auszudrücken, wird die Einheit Elelektronenvolt (eV) verwendet.

Ich nehme an, dass die negativ geladenen Teilchen der Teilchenstrahlung durch die Magnetpole abgelenkt, beziehungsweise abgeschirmt werden, ohne dabei Sekundärstrahlung, Tscherenkow-Strahlung oder sonstige Sekundärstrahlung zu erzeugen.

*Die Berechnungen finden Sie im Abschnitt **Berechnungen zu der Hypothese**, im Materialanhang*

Nachweis der Strahlung im Geiger-Müller Zählrohr

In dem Geiger-Müller Zählrohr befindet sich ein Gas, welches durch *Ionisation* leitfähig gemacht wird.

An beiden Enden dieser Gaskammer befinden sich jeweils Anode und Kathode

Solange das Gas nicht leitfähig ist, kommt es zu keinem Stromfluss.
Wenn schnelle β-Teilchen, oder radioaktive Strahlung allgemein, auf die Gaskammer trifft, wird das Gas leitfähig, und es entsteht ein Stromfluss.
Dieser Impuls wird dann schließlich gemessen, und es erfolgt eine Anzeige auf der analogen Skala

Verwendete Quellen für diese Seite [21]

Da davon auszugehen ist, dass die β-Strahlung abgelenkt wird, wird der Ablenkungswinkel in 10-Grad Schritten zu der Strahlungsquelle gemessen.

Dabei ist jedoch davon auszugehen, dass bei der γ-Strahlung keine Ablenkung erfolgt, da es sich dabei um neutrale Photonen handelt.

(Siehe dazu **Hinweis** unter Abschnitt **Hypothese, und Berechnungen sowie relativistischer Ansatz im Anhang:** *Berechnungen zu der Hypothese*)

2.3 Das Experiment

2.3.1 Verwendete Materialien:

2x Spulen mit N=500 , L=5mH , R=2,5Ω und max. I=2,5A
1x U-Kern für Spulen
2x Magnetschuhe für Elektromagnet und U-Kern
1x Digitalmultimeter von Peaktech 3340 DMM
4x Kabel zur Verbindung
1x Messgerät für und mit Hall-Sonde, zur Messung des Hall-Effekts
1x Geiger-Müller Zählrohr mit Analoganzeige für β und γ-strahlung, mit Angabe der Energiedosis
1x Stromquelle für Stromstärken von 500mA bis 2500mA
1x Geometriedreieck mit 1m Hypothenusenlänge, zur Winkelmessung
4x Stativstangen
3x Stativfüße
4x Muffen
1x Kompassnadel
1x Strahlenquelle (Thorianit mit hohem Proaktinium/Thorium Anteil >81%, und mindestens 1 µGy festellbarer Energiedosis, und 1kBq Aktivtät)

2.3.2 Versuchsaufbau:

Für die Erzeugung des Magnetfeldes wurden folgende Materialien verwendet:

Zwei Spulen von Leybold mit einer Windungszahl von N= 500 Windungen, einem Widerstand von R=2,5 Ohm, Induktivität 5mH und einer maximalen Stromstärke von I= 2500mA

Ein U-Eisenkern, auf welchem beide Spulen in einem bestimmten Abstand voneinander platziert wurden.

Zwei Magnetschuhe, welche auf den beiden Enden des U-Kerns platziert werden, über den Spulen, mit Kontakt zu dem gegenüberliegenden U-Kern.

Eine Stromquelle, welche Gleichspannung von 500mA bis 2500mA erzeugt.

Vier Kabel zur Verbindung von Stromerzeuger zu Spule 1, Spule 1 zu Spule 2, Spule 2 zum Multimeter, und Multimeter zurück zu dem Stromquelle. Dabei werden die Spulen in Reihe geschaltet.

Zur Messung der Stromstärke wurde ein Digitalmultimeter von Peaktech verwendet (Peaktech 3340 DMM).

Es wurden drei Stativfüße verwendet, drei Stangen, und zwei Muffen, um ein großes Geodreieck zu befestigen, welches nachher zur Winkelmessung gebraucht wird.

Eine weitere Stange wird zwischen zwei Stangen waagerecht befestigt, und mit einer Muffe wird ein Reagenzglashalter senkrecht zu der Richtung der Stange befestigt, um das Geiger-Müller Zählrohr zu befestigen.

Um das Gewicht des Geiger-Müller Zählrohrs auszugleichen, wird zum austarieren ein 0,5kg Gewicht verwendet, welches mithilfe eines Fadens an der anderen Seite des Reagenzglashalters befestigt wird.

Zum Schluss wird die Magnetfeldstärke im Magnetfeld mithilfe der Bestimmung des Hall-Effekts, durch eine Hall-Sonde gemessen, um sicherzustellen, dass ein homogenes Magnetfeld vorliegt.

Abbildung zum Versuchsaufbau: siehe Anhang

2.3.3 Versuchsdurchführung

Zu Beginn des Versuchs das Geiger-Müller Zählrohr an dem Reagenzglashalter, und verbindet dieses mit dem Messgerät

Mit dem Geiger-Müller Zählrohr misst man zuerst die Energiedosis in dem Abstand, in welchem man auch den Versuch durchführen möchte, ohne bestehenden Magnetfeld, und notiere sich die Energiedosis.

Für diesen Versuch wurden die Stromstärken 500mA ,1000mA, 1500mA und 2000mA gewählt.

Man schalte die Stromquelle an, und beginne zuerst mit einer Stromstärke von 500mA bei variierender Spannung.

Man messe die Stromstärke anhand des Digitalmultimeters, und diese sollte ~500mA,betragen, und über die 4 Messreihen jeweils um 500mA gesteigert werden.
Mithilfe einer Kompassnadel, die man in die Nähe des Magnets platziert, lässt sich dann feststellen welcher Pol positiv, und welcher negativ ist.

Nun misst man mithilfe einer Hall-Sonde die Magnetfeldstärke im Bereich des ganzen Magnetfeldes.
Dabei sollen die gemessenen Werte über den ganzen Magnetfeldbereich in etwa identisch sein, weshalb man dann davon ausgehen kann, dass ein homogenes Magnetfeld besteht.

Nun platziert man die Strahlenquelle zwischen den beiden Spulen, so dass die Strahlung nach oben hin durch das Magnetfeld dringen kann, und ggf. abgelenkt bzw. abgeschirmt wird.

Mit aktiviertem Magnetfeld misst man nun in einem bestimmten Abstand (d=10cm) zu der Strahlenquelle in mehreren Winkeln die Energiedosis, in je 10 Grad Schritten, so dass man zu Beginn einen Ablenkungswinkel von 0 Grad hat, und gegen Ende der Messung das Gerät in einem Ablenkungswinkel von -90 Grad zu der Strahlenquelle platziert ist.

Zu beachten ist dabei besonders, dass der Abstand zwischen Strahlenquelle und Geiger-Müller Zählrohr immer gleich ist.

Die Werte, die man bei jedem 10 Grad Schritt misst, werden aufgeschrieben.

Diese Messreihen werden wiederholt, indem man für jede Messreihe die Stromstärke um 500mA erhöht, die Magnetflussdichte misst, um festzustellen wie stark das Magnetfeld ist, und schließlich erneut Messungen mit dem Geiger-Müller Zählrohr vornimmt.

Kapitel III.
Auswertung des Versuch

3.1 Auswertung der Messergebnisse

Nach der Versuchsdurchführung ergaben sich für die Messungen der Strahlungsintensität, und Impulsrate in verschiedenen Ablenkungswinkeln folgende Werte: (Siehe Anhang, Tabelle: Messwerte zu den Messreihen)

Wie bei allen Prozessen in der Physik, muss auch beim Zerfall die Energie erhalten bleiben. Dabei hat man in Experimenten festgestellt, dass die Energie, bzw. die Geschwindigkeit der austretenden Elektronen zwischen fast Null und einer maximalen Energie E_{Max} variieren kann. Man nennt die Verteilung der Energie bzw. der Geschwindigkeiten der Elektronen kurz das "β-Spektrum" (Weshalb es bei den Messungen zu Schwankungen zwischen 0,1 und 0,2 mrad/h kommt)
Die Vermutung, dass die β-Strahlung durch das Magnetfeld abgelenkt wird hat sich nicht bestätigt.

Es ist davon auszugehen, dass die Magnetfeldstärke nicht groß genug war, um eine Ablenkung zu erzielen.

Wie bereits in der Hypothese vermutet, wurde die γ-Strahlung ebenfalls nicht abgelenkt.

Die gemessene Energiedosis im Abstand A=10cm, welche vor Inbetriebnahme des Magnetfelds gemessen wurde betrug:

$$E_0 = 0.007\,mGy$$

Die gemessene Nullrate in der Umgebung betrug:

$$E_{Nullrate} = 0.00005\,mGy$$

Aufgrund der geringen Nullrate, kann man den *Nulleffekt* in diesen Versuch vernachlässigen.

Hinweis: Die gemessenen Werte wurden in der Einheit Rad/h gemessen, jedoch wird die Einheit Gray verwendet, da Rad/h veraltet ist.

Die über die 4 Messreihen gemessene Durchschnittliche Energiedosis lag bei :

$$E_{Durchschnitt} = 0.007\,mGy$$

Die gemessene Impulsrate wurde wie folgt bestimmt:

$$[Z\ddot{a}hlrate] = \frac{Imp}{s}$$

Und lag im Durchschnitt bei allen 4 Messreihen bei etwa 6,6 imp/s.

Der Ablenkungswinkel Alpha lag bei allen 4 Messreihen unter Einsatz der Magneten zwischen 0 und 1 Grad.(Siehe Anhang S.20, **Berechnung zum Ablenkungswinkel**, und **Zeichnerischer Nachweis**, im Anhang auf S.19)
Schließlich kann man annehmen, dass die sogenannte Lorentzkraft welche auf die bewegten Elektronen wirkt ,zu gering war um diese abzulenken.

Die Tabelle zu den Messwerten sind im Anhang zu finden.

Kapitel IV.
Fazit, und mögliche Bedeutung für den Strahlenschutz

Das Experiment hat ergeben, dass ein recht starker Elektromagnet mit durchschnittlich 20mT Magnetflussdichte, nicht ausreicht, um die negativ geladene Beta-Strahlung stark genug von ihrer Flugbahn abzulenken, oder abzuschirmen.
Dadurch wird ersichtlich, dass die Beta-Strahlung sehr hohe Energien besitzt welche nicht einfach zu kontrollieren sind.

Daraus kann man schließen, dass diese Apparatur, erst recht nicht mit einfachen Mitteln, für große Magnetfelder umsetzbar ist um große Flächen abzuschirmen.

Es wäre ein viel stärkeres Magnetfeld vonnöten um die Beta-Strahlung deutlich abzulenken, und damit eine geringe Abschirmwirkung zu erzielen, welche jedoch nicht von großen Nutzen wäre, da die Teilchen kaum vollständig zu stoppen sind mit Magnetfeldern.

Die Bildung von Bremsstrahlung wird reduziert, jedoch ist das Kosten/Nutzen-Verhältnis bei dieser Strahlenschutzmaßnahme nicht günstig.

Außerdem ist es denkbar das durch Geschwindigkeitsänderungen dennoch Bremsstrahlung auftreten, kann innerhalb des Magnetfelds.

Als Abschluss und Fazit dieser Ausarbeitung kann man sagen, dass konventionelle Strahlenschutzmaßnahmen wie Bleiabschirmungen, Aluminium Abschirmungen und dergleichen effizienter sind, und ein besseres Kosten/Nutzen-Verhältnis aufweisen.

Anhang

Materialanhang

Erläuterungen zu Kapitel I. / Kapitel II.

Erläuterungen

Hier finden sich die Erläuterungen zu den in kursiv geschriebenen Begriffen welche in diesen Kapiteln erwähnt wurden.

- *ionisierende Strahlung*

Unter ionisierender Strahlung versteht man Strahlung die in der Lage ist Elektronen aus der Atomhülle herauszulösen, und damit Ionen erzeugen, sobald diese auf Materie trifft.
Diese Ionisierende Strahlung ist für organisches Gewebe schädlich, da dadurch chemische Reaktionen behindert oder zum erliegen gebracht werden können, wodurch das Erbgut geschädigt werden kann.

- *Nukleonen*

Als Nukleonen bezeichnet man die Teilchen welche sich im Inneren eines Atomkerns befinden, also positiv geladene Protonen, und neutrale Neutronen.

- *Röntgenstrahlung*

Unter Röntgenstrahlung versteht man elektromagnetische Wellen welche in Form von Quanten vorliegen, mit einer Wellenlänge zwischen 10 Nanometern, und 1 Pikometer. oder $\lambda= 1 \times 10^{-18}$m bis $\lambda= 1 \times 10^{-15}$m.
Sie gleicht der γ-Strahlung in einigen Eigenschaften, wie z.B. Reichweite, Geschwindigkeit etc. , und ist genau wie sie ionisierend, und besitzt wie die γ-Strahlung Energien ab 100keV.
Die Röntgenstrahlung hat eine theoretisch unbegrenzte Reichweite, und lässt sich ebenfalls so wie γ-Strahlung schwer abschirmen.

Die Energie von γ-Strahlung und Röntgenstrahlung ist abhängig von der Frequenz f und der Wellenlänge λ. Die Zusammenhänge können durch die Gleichung W=h mal f => h x c/f und c= λ mal f beschrieben werden.
Die Phasengeschwindigkeit c der Welle ist bei Photonen gleich der Lichtgeschwindigkeit.

Der folgende Verweis trifft ebenfalls auf die Röntgenstrahlung zu
Verwendete Quellen für diese Seite [1][2][3][4][10][18][16][10]

(Siehe u.a.1.2, Halbwertsdicke; Abschnitt **Besonderheiten der γ-Strahlung bei der Abschirmung**)

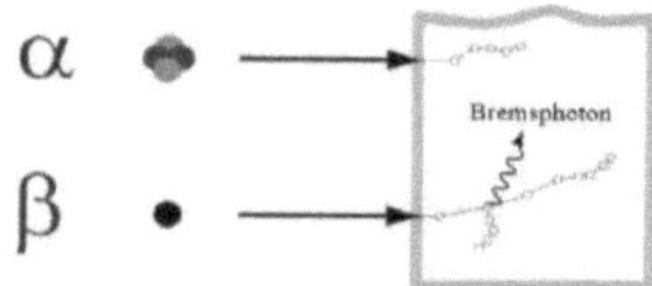

Röntgenstrahlung wird in dieser Abbildung als Bremsphoton dargestellt. 3)

Legende: Orange Linien Stellen die Materie da, in die die Strahlung eindringt.
Schwarze Bläschen und Linien stellen den Verlauf der Teilchenstrahlung in der Materie dar
Beim α-Zerfall wird bei der Abbremsung in Materie keine Bremsstrahlung gebildet.

Die Unterschiede zwischen γ und Röntgenstrahlung lassen sich durch die Entstehung festmachen.

γ-Strahlung entsteht ausschließlich durch die bei Zerfällen überschüssige Energie, wohingegen die Röntgen- bzw. Bremsstrahlung nur durch das Abbremsen von schneller Teilchenstrahlung entsteht.

„Die mittlere Bindungsenergie E_B pro Nukleon ist ein Maß für die Stabilität des Kerns. Sie gibt an, wie viel Energie pro Nukleon frei wird, wenn ein Kern aus seinen einzelnen Neutronen und Protonen zusammengesetzt werden würde."[2]

- *Quant/Photon*

Ein Photon stellt ein Lichtteilchen dar, welches Energie mit Lichtgeschwindigkeit transportiert. Strahlungen des elektromagnetischen Spektrums bestehen ebenfalls aus Photonen.

Photonen haben nur nach

$$E = mc^2$$

eine Masse, jedoch keine Ruhemasse.

- *Schwere Elemente*

Als schwere Elemente bezeichnet man in der Kernphysik Elemente mit einer Ordnungszahl über 60, ab der das Kräftegleichgewicht zwischen den Nukleonen beginnt instabil zu werden, bis hin zu radioaktiven Elementen, welche aufgrund der Tatsache, das die Abstoßenden Kräfte im Atomkern stärker sind als die anziehenden.

Berechnungen zur Hypothese:

Für die Lorentzkraft F_{Lorenz} gilt :

$$F_{Lorenz} = e \cdot v \cdot B$$

Die Zentripetalkraft F_Z lässt sich mit F_{Lorenz} gleichsetzten, und ist gleich der Lorentzkraft.

Dadurch ergibt sich:

$$F_{Lorenz} = F_Z$$

$$e \cdot v \cdot B = \frac{m \cdot v^2}{r}$$

Für die Geschwindigkeit eines Elektrons gilt:

$$v_{Elektron} = \sqrt{\left(1 - \frac{m^2}{E^2}\right)} \; c$$

c beschreibt die Lichtgeschwindigkeit, und E die Energie.

Die Beta-Strahlung des verwendeten Isotops Thorium ^{232} besitzt Energien von E= 3,8MeV ≙ 6,08 x 10^{-13}J.

Für die Berechnungen benötigen wir die Tiefe des Magnetfeldes, welche wir mit d , und in der späteren Berechnung zum Winkel mit x kennzeichnen.
In diesem Fall werden die Elektronen von unten nach oben geschossen, weshalb die Tiefe d=3cm beträgt.

Die Beta-Strahlung besitzt Geschwindigkeiten bis zu 99,9% der *Lichtgeschwindigkeit c.*

Die Masse des für bewegte Elektronen wird mithilfe dieser Formel berechnet. (Siehe weiter unten) Die Formel wird nach *m* umgestellt:

$$m = \frac{E}{c^2}$$

Verwendete Quellen für diese Seite [7-13]

Die Energie des Elektrons beträgt $6{,}08 \times 10^{-13}$J

Durch einsetzten der Lichtgeschwindigkeit ergibt sich die Masse eines Elektrons von $m= 9{,}1\cdot10^{-31}$ kg. Dieser Wert gleicht dem Liteaturwert. ([8])

Die Geschwindigkeit des Elektrons lässt sich durch die Umstellung des relativistischen Ansatzes nach v errechnen.

Für v gilt:

$$v_{Elektron} = \sqrt{\left(1 - \frac{m^2}{E^2}\right)}\, c$$

Durch einsetzten der Werte erhält man schließlich:

$$v_{Elektron} = \sqrt{\left(1 - \frac{9{,}1\cdot 10^{-31}}{3800000\,\text{eV}}\right)}\, 299792458\,\frac{m}{s}$$

Damit ergibt sich für die Geschwindigkeit $v_{Elektron}$:

$$v_{Elektron} = 2844079804\,\frac{m}{s}$$

v entspricht etwa 0,95=c also 95% der Lichtgeschwindigkeit.

Bei dieser Geschwindigkeit benötigt das Elektron für die Strecke d lediglich 1.17×10^{-10}Sekunden um diese Strecke zu passieren.
Die Formel der kinetischen Energie kann man bei diesen Geschwindigkeiten und Massen nicht nutzen.
Es würde bei der hohen Energie ein Wert rauskommen, welcher höher als die Lichtgeschwindigkeit wäre.

Elektronen beschreiben im Magnetfeld eine Kreisbewegung.

Der Radius dieser Kreisbewegung lässt sich mit dieser Formel beschreiben:

$$r = \frac{m_e \cdot v_e}{(q_e \cdot B)}$$

Verwendete Quellen für Anhang Seite 14 und 15 und 16 [9][10][11][14][16]

Die Zentripetalkraft F_z die erforderlich ist, um das Elektron auf seiner Kreisbahn zu halten und schließlich die Ablenkung zu erbringen, ist die Lorentzkraft

Der Vektor der Geschwindigkeit steht in einem 90 Grad Winkel zu dem Vektor der Zentripetalkraft. Nach Einsetzten der Werte in die Formel, erhält man den Radius der Kreisbewegung im Magnetfeld

Nun rechnen wir mit der höchsten Magnetflussdichte, welche in den 4 Messreihen verwendet wurde.

Nach Einsetzten folgender Werte:

Beta-Strahlung hat die Ladungszahl q_e= 1,602*10^{-19} Coloumb, welche der Literaturwert dieser ist.

Die Masse des Elektrons wird mithilfe des relativistischen Ansatzes berechnet.

$$m = \frac{m_0}{\sqrt{1-\frac{v^2}{c^2}}} = 3{,}2 \cdot m_0 = 2{,}9 \cdot 10^{-30}\ kg$$
$$v = 0{,}95 \cdot c = 2{,}85 \cdot 10^8\ m/s$$
und

$$B = 0{,}025\ T$$

erhält man nach Einsetzen in

$$r = \frac{m_e \cdot v_e}{|q_e \cdot B|}$$

$$r = 0{,}25\ m$$

Durch zeichnerische Überprüfung kann man einen Winkel Alpha = 0,8 Grad messen.

Dieser Ablenkungswinkel ist zu gering um eine wirksame Abschirmung zu erzielen.
Zu dem Zeichnerischen Nachweise, siehe im Anhang **Zeichnerischer Nachweis des Ablenkungswinkels.**

Je niedriger die Magnetflussdichte, desto größer ist der Radius r, und desto kleiner der Ablenkungswinkel Alpha. (Der Ausdruck Krümmungswinkel ist angemessener, da es sich um eine Krümmung handelt, keinen Knick)

Verwendete Quellen für diese Seite [1-12]

Quellenverzeichnis

Quellen:

[1]Heinz Meckenfuss,Interaktiv Physik, Natur und Technik 9/10 S.67 , 1. Auflage NRW , 2011
[2]Lorenz K. Schoeffel, Training Physik, Physik 10. Klasse S.104-112
[5]Formeln zur Halbwertsdicke aus: Deutsch-Schweizerischer Fachverband für Strahlenschutz e.V.: Daten und Fakten zum Umgang mit Radionukliden und zur Dekontamination in Radionuklidlaboratorien, Teil 1.4 Abschirmung, Oktober 1997
[6]Berta Wurz, Physik – Übertritt in die Oberstufe für G8 S.112, 2011
[7]Lorenz K. Schoeffel, Training Physik, Physik 10. Klasse S.112-118
[8]Berta Wurz, Physik – Übertritt in die Oberstufe für G8 S.145, 2011
[9]Berta Wurz, Physik – Übertritt in die Oberstufe für G8 S.148, 2011
[10] Relativistische Masse - Herleitung, http://www.leifiphysik.de/themenbereiche/spezielle-relativitaetstheorie/lb/relativistische-masse-und-impuls-herleitung-0 , letzter Zugriff am 14/12/2014
[11] Bewegte Ladungen im Magnetfeld ,Leifiphysik, http://www.leifiphysik.de/themenbereiche/bewegte-ladungen-feldern#Lorentzkraft%20-%20Richtung, letzter Zugriff am 14/12/2014
[12] Der Tunneleffekt, http://homepages.physik.uni-muenchen.de/~milq/kap11/k111p01.html, letzter Zugriff am 14/12/2014
[13] Lorentzkraft, Erklärung, http://www.frustfrei-lernen.de/elektrotechnik/lorentzkraft-erklaerung.html, letzter Zugriff am 14/12/2014
[14] Anleitung_04, GSI Helmholtzzentrum für Schwerionenforschung, http://www-alt.gsi.de/documents/DOC-2005-Nov-179-1.pdf, letzter Zugriff am 14/12/2014
[15] Musteraufgaben – Mittelstufe – Eigenschaften der Komponenten, Leifiphysik, http://www.leifiphysik.de/themenbereiche/radioaktivitaet-einfuehrung/lb/musteraufgaben-mittelstufe-eigenschaften-der, letzter Zugriff am 14/12/2014
[16] BFKH, Folie 1, http://www.bkfh-2002.de/pdf/folie_1.pdf , letzter Zugriff am 14/12/2014
[17] Alexander Kuntz , Alpha-, Beta und Gamma Strahlung, http://www.radioaktivestrahlung.de/, letzter Zugriff am 14/12/2014
[18] Martin Volkmer, Informationskreis Kernenergie, 2003 , Kernstrahlung, http://www.zw-jena.de/energie/kernstrahlung.html, letzter Zugriff am 14/12/2014
[19] Universität Frankfurt, Vorlesung, http://itp.uni-frankfurt.de/~gros/Vorlesungen/QM_2/rela.pdf , letzter Zugriff am 14/12/2014
[20] Heinz Meckenfuss,Interaktiv Physik, Natur und Technik 9/10 S.63 , 1. Auflage NRW , 2011

Grafiken:

1) Felix Kling, http://upload.wikimedia.org/wikipedia/commons/1/1d/TunnelEffektKling1.png2, letzter Zugriff am 14/12/2014

2) Wikimedia Commons, http://upload.wikimedia.org/wikipedia/commons/thumb/1/1e/Bremsstrahlung.svg/220px-Bremsstrahlung.svg.png, letzter Zugriff am 14/12/2014

3) Napy1kenobi, abgeändert. http://upload.wikimedia.org/wikipedia/commons/thumb/6/6e/Wechselwirkung_ionisierender_Strahlung.svg/450px-Wechselwirkung_ionisierender_Strahlung.svg.png, letzter Zugriff am 14/12/2014

4) Formeln zur Halbwertsdicke aus: Deutsch-Schweizerischer Fachverband für Strahlenschutz e.V.: Daten und Fakten zum Umgang mit Radionukliden und zur Dekontamination in Radionuklidlaboratorien, Blattsammlung, Teil 1.4 Abschirmung, Oktober 1997

Zeichnerischer Nachweis des Ablenkungswinkels

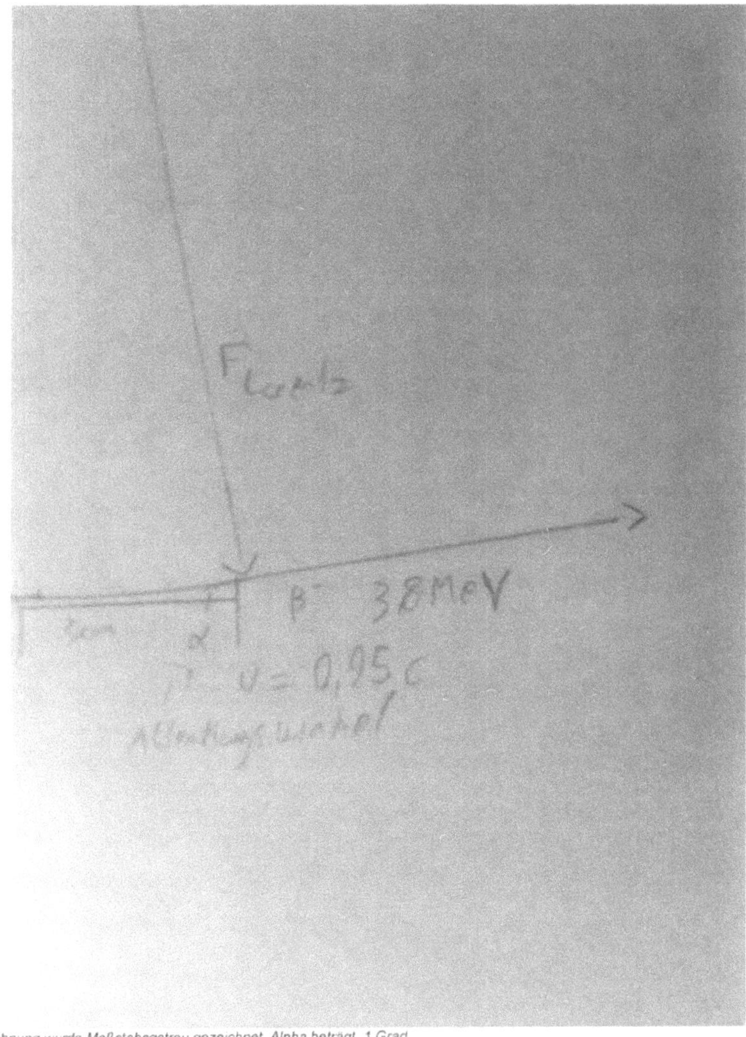

Die Zeichnung wurde Maßstabsgetreu gezeichnet. Alpha beträgt 1 Grad
Der Radius r beträgt 25cm, die Strecke d zwischen Beginn und Ende des Magnetfelds x= 3cm.

Berechnung zum Ablenkungswinkel

Wir betrachten nur die untere Hälfte des Kreises, da die obere nicht relevant für den Winkel Alpha ist

Kreisformel untere Hälfte:

$$y = -\sqrt{r^2 - x^2} \text{ (Ableitung nach x):}$$

$$y' = \frac{x}{\sqrt{r^2 - x^2}}$$

r einsetzen, x (Abstand vom Eintritts zum Austrittspunkt) einsetzen und den Wert ausrechnen davon den arctan bilden = Ablenkungswinkel, oder Krümmungswinkel.
Beispiel: r=25cm ; x=3cm, für die Magnetflussdichte 25mT.

=> y'= 0.1208

=> arctan 0.1208 = 0.1208° ist der gesuchte Ablenkungswinkel Alpha.

Sonstiges

Messwerte zu den Messreihen

I in mA	Ablenkungswinkel – in Grad	Energiedosis in mRad/h	Energiedosis in mGray/h	Impulsrate/min	Feldstärke in mTesla
1500mA	0°	0.9	0.009	450	35
1500mA	-10°	0.7	0.007	400	35
1500mA	-20°	0.7	0.007	400	35
1500mA	-30°	0.7	0.007	350	35
1500mA	-40°	0.6	0.006	350	35
1500mA	-50°	0.6	0.006	400	35
1500mA	-60°	0.7	0.007	400	35
1500mA	-70°	0.7	0.007	400	35
1500mA	-80°	0.7	0.007	300	35
1500mA	-90°	0.7	0.007	400	35

I in mA	Ablenkungswinkel – in Grad	Energiedosis in mRad/h	Energiedosis in mGray/h	Impulsrate/min	Feldstärke in mTesla
500mA	0°	0.9	0.009	350	13
500mA	-10°	0.7	0.007	400	13
500mA	-20°	0.7	0.007	400	13
500mA	-30°	0.7	0.007	350	13
500mA	-40°	0.6	0.006	350	13
500mA	-50°	0.6	0.006	400	13
500mA	-60°	0.7	0.007	400	13
500mA	-70°	0.7	0.007	400	13
500mA	-80°	0.7	0.007	300	13
500mA	-90°	0.7	0.007	400	13

I in mA	Ablenkungswinkel – in Grad	Energiedosis in mRad/h	Energiedosis in mGray/h	Impulsrate/min	Feldstärke in mTesla
1000mA	0°	0.9	0.009	450	26
1000mA	-10°	0.9	0.009	400	26
1000mA	-20°	0.7	0.007	400	26
1000mA	-30°	0.7	0.007	350	26
1000mA	-40°	0.6	0.006	400	26
1000mA	-50°	0.6	0.006	400	26
1000mA	-60°	0.7	0.007	400	26
1000mA	-70°	0.7	0.007	400	26
1000mA	-80°	0.7	0.007	300	26
1000mA	-90°	0.8	0.008	400	26

I in mA	Ablenkungswinkel – in Grad	Energiedosis in mRad/h	Energiedosis in mGray/h	Impulsrate/min	Feldstärke in mTesla
2000mA	0°	0.8	0.009	450	42
2000mA	-10°	0.9	0.009	400	42
2000mA	-20°	0.7	0.007	400	42
2000mA	-30°	0.7	0.007	350	42
2000mA	-40°	0.7	0.007	400	42
2000mA	-50°	0.7	0.007	400	42
2000mA	-60°	0.7	0.007	400	42
2000mA	-70°	0.7	0.007	400	42
2000mA	-80°	0.7	0.007	300	42
2000mA	-90°	0.8	0.008	400	42

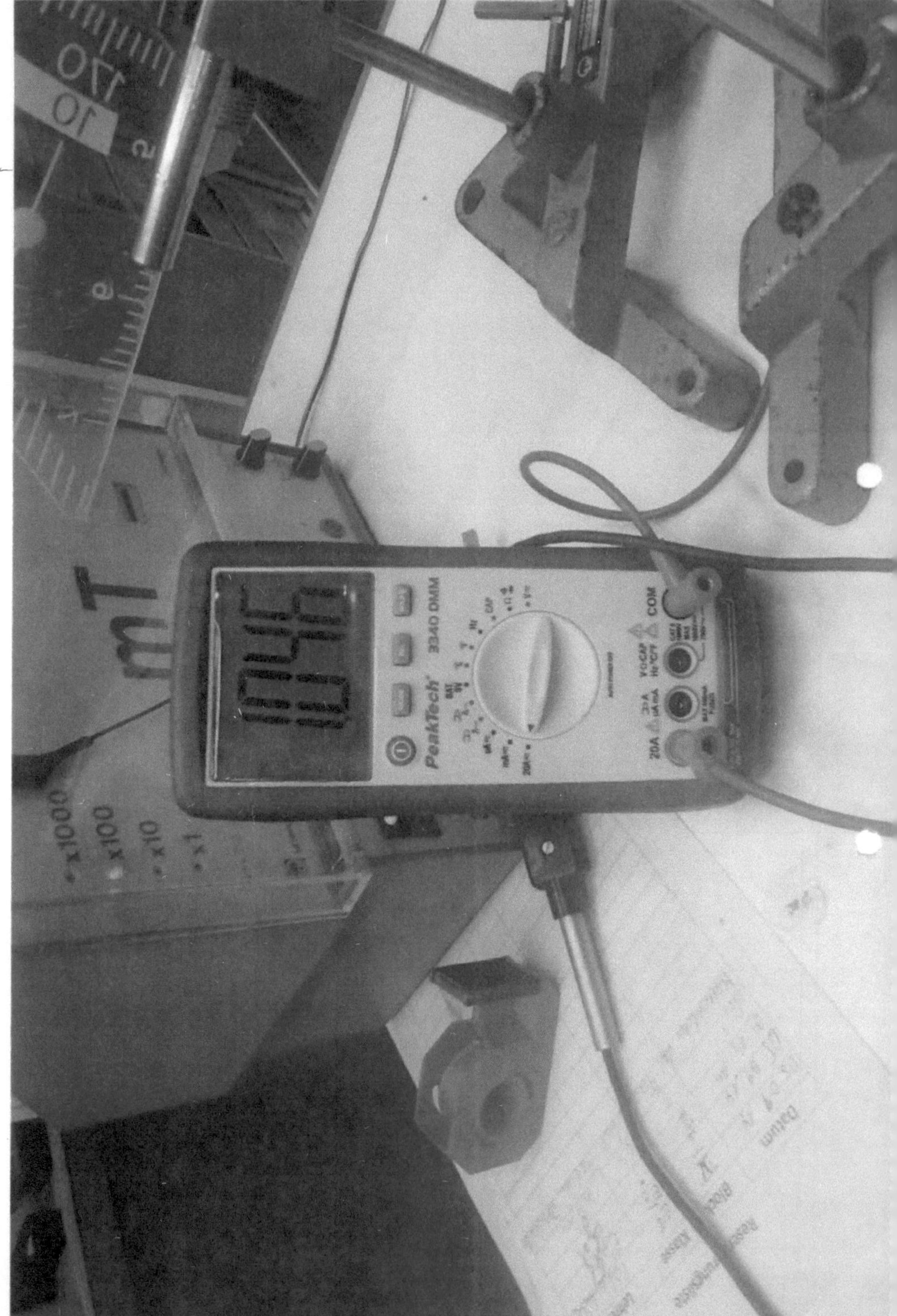

Typ	**AOH-411**	AOH-411	BOH-411
Bauart		Geiger-Müller-Zählrohr für axiale Einstrahlung	
Energiebereich			
Alphastrahlung MeV		3	5
Betastrahlung MeV		40	50
Füllung		Ne /Halogen/	Ne /Halogen/
Glimmerfensterdicke mg/cm^2		2	4
Einsatzspannung V		500	500
empfohl. Arbeitsspannung V		600	600
Plateau V		580 bis 680	580 bis 680
Plateausteigung %/V V		0,08	0,08
Nulleffekt* Imp/min		50	50
Lebensdauer Imp		10^9	10^9
Länge der aktiven Volumens mm		28	28
Katodendurchmesser mm		25	25
Fensterdurchmesser mm		25	25
Gesamtlänge mm		55	55
grösster Durchmesser mm		34	34
Anschluss		ohne Sockel	ohne Sockel
Masse g		40	40
Arbeitstemperaturbereich °C		-40 bis +50	-40 bis +50

* ohne Abschirmung

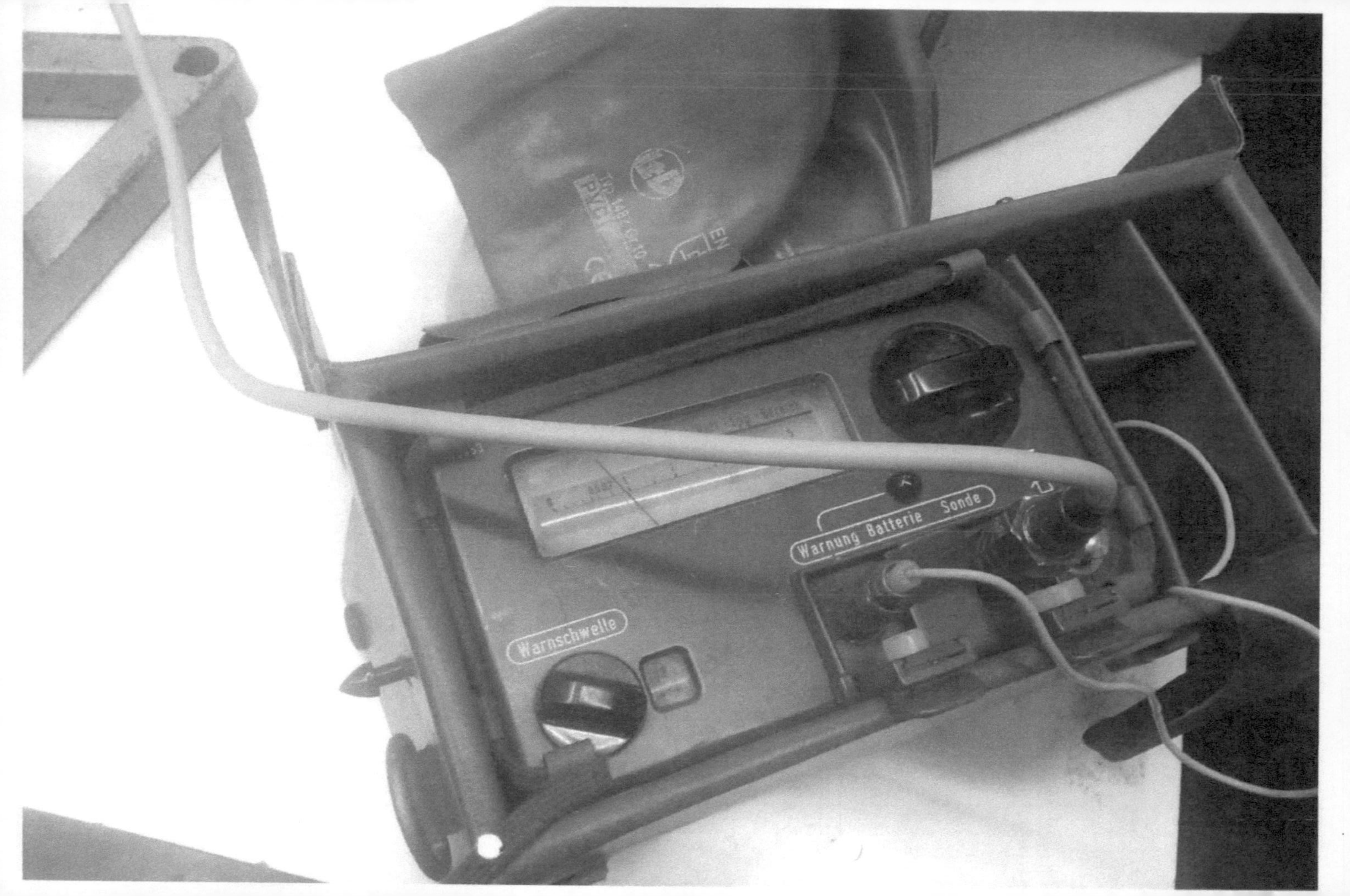

Warnschwelle
Warnung Batterie Sonde

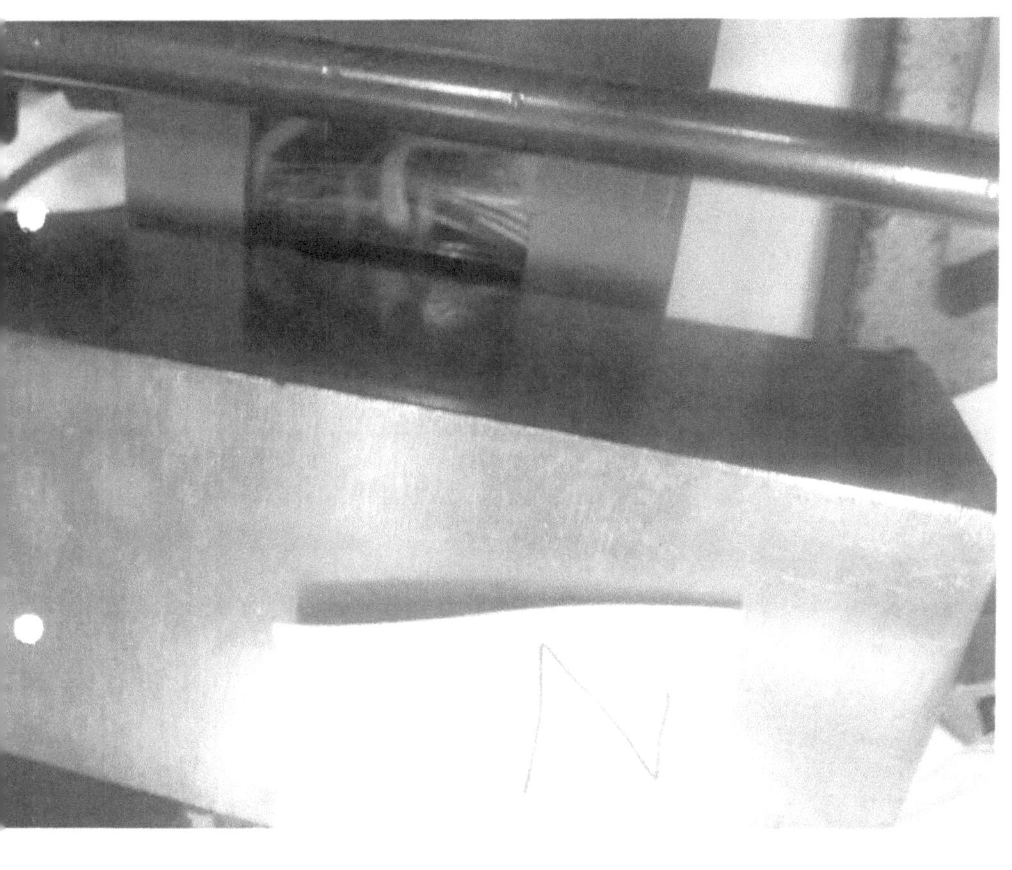

BEI GRIN MACHT SICH IHR WISSEN BEZAHLT

- Wir veröffentlichen Ihre Hausarbeit,
  Bachelor- und Masterarbeit

- Ihr eigenes eBook und Buch -
  weltweit in allen wichtigen Shops

- Verdienen Sie an jedem Verkauf

Jetzt bei www.GRIN.com hochladen
und kostenlos publizieren